写给青少年的

中国古代

科技与发明

2

科技和军事

苏邦星 编著 袁微溪 绘

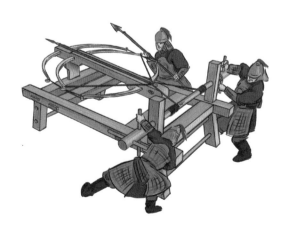

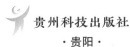

贵州科技出版社

·贵阳·

前　言

　　中国是一个历史悠久的国家，有着非常璀璨的文明，科技是我国古代文明非常重要的一个方面。在 15 世纪以前，中国一直都是科技领域的强国，科技水平遥遥领先于西方世界，但是除了"四大发明"之外，很多科技成果却很少为世人所知。

　　中国古代科技涉及农业、手工、军事、天文、数学、物理、地理、植物、医药、建筑等各个方面，它们种类众多，水平高超，实用性强。中国古代科技的发展不仅推动了我国古代社会的发展，还为世界文明的进步作出了巨大的贡献，甚至对我们的现代生活都产生了深远的影响。

　　为此，这套书精选了贴近人们生活的农业、手工、天文、军事、建筑、生活、游戏等领域中的 80 多项中国古代科技与发明，并将它们划分为《农业和手工》《科技和军事》《生活和游戏》3 个分册，来为小读者讲解我国古代科技知识。

　　《农业和手工》主要介绍农具、农作物栽培以及手工方面的发明和创新，农业工具有曲辕犁、筒车、龙骨车等，手工技艺有缫丝、酿酒、制陶等。这些科技与发明生动还原了我国古代人们在田间或手工作坊内劳作的场景，展现了中国古代先进的生产技术。

　　《科技和军事》主要介绍科学仪器和军事武器的发明和创新，科学仪器有日晷、漏刻、指南针、浑天仪等，军事武器有青铜弩机、毒药烟球、突火枪、火铳等，揭开了古代科学仪器和军事武器的神秘面纱，生动形象地展现了古代科学仪器的复杂原理和使用方法，再现了古代战场上各种火药武器的威力。

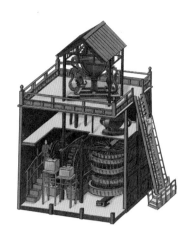

　　《生活和游戏》主要介绍生活用品和娱乐方式的发明和创新，生活用品有镜子、扇子、火折子等，娱乐方式有投壶、象棋、围棋、叶子戏等，这些科技与发明展现了我国古代劳动人民在追求生活质量和生活乐趣方面的智慧和奇思妙想。

　　本套图书以图文结合的形式，用通俗易懂的语言和细致精美的图片引导小读者了解中国古代科技与发明，探索这些科技与发明背后的智慧，体验古代科技的神奇魅力，进而培养孩子对科学技术的兴趣，促使孩子在实际生活中用科学思维来解决问题，为孩子将来学习科学领域的知识打下坚实的基础。

　　希望阅读本书的小读者能了解到更多优秀的中国古代科技成果，学习到古人执着的求知精神和勤于实践、善于创造的优秀品质。

目录

圭表

圭（guī）表是我国劳动人民发明的一种天文仪器，它可以通过测量日影长度和方向来确定一年的长度以及一年中的二十四节气等。二十四节气和一年中的时令、气候以及物候息息相关，对农业生产具有重要的指导作用。所以，圭表可以说是古代人们在一年中的时间表，也是世界上最早的计时器。

在很早的时期，人们就发现在太阳的照射下，不同时间内同一个物体的影子是不一样长的。为了观察影子的变化规律，人们会在地上插一根竹竿或者是石柱，观察它在不同时间的影子长度和方向。时间久了，人们便发明了圭表。圭表其实是由"圭"和"表"两部分构成的，"圭"是指下面的石板，"表"是指立柱。石板上刻有刻度，可以测量影子的长度，影子的不同长度代表不同的节气。在一年当中，夏至，太阳的高度最高，表的影子最短。冬至，太阳的高度最低，表的影子最长。两次影子最长的时间间隔就是一年。

自古以来，中国的天文和历法就是结合在一起的。古人将太阳运动的周期作为"年"，将月亮圆缺的周

夏至
冬至

表
圭
日影

圭表

正午日光

南（午）
北（子）

夏至
小满大暑
谷雨处暑
春分秋分
雨水霜降
大寒小雪
冬至

圭表示意图

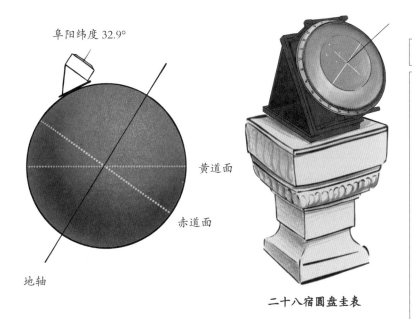

阜阳纬度 32.9°

黄道面

赤道面

地轴

二十八宿圆盘圭表

知识链接

二十八宿圆盘圭表的样子和传统的圭表不同，它由上下两个圆盘叠在一起构成。上圆盘比下圆盘半径略小，两个圆盘中心有圆孔相通，圆孔中插着一根指针，将两个圆盘连接在一起。上圆盘的盘面上刻有 6 颗圆点，和圆心孔正好可以连成北斗七星的图像。圆盘的边缘刻着一圈小圆孔，总数是365 个，正好对应着古代的周天度数。下圆盘刻有二十八星宿的名字，以及它们的度距。使用时，将两个叠在一起的圆盘放在一个三角形支架上，圆盘和地平面的夹角正好是阜阳当地的纬度（32.9°），而圆盘正好平行于地球的赤道面，指针指向北天极。

期作为"月"。太阳在天空中的运动影响着地面气候和物候的变化，由此产生了二十四节气。而天上的星宿和地上的气候、物候也息息相关。

汉代时期，人们就已经发明了将天文和历法相结合的圭表，它就是"二十八宿圆盘圭表"。二十八宿圆盘圭表将天上的星辰划分为二十八个星宿，并将一年中的天数、节气和行星运动对应起来，可以用来测量天体的赤道经度，并记录日、月以及金、木、水、火、土五大行星的位置变化。

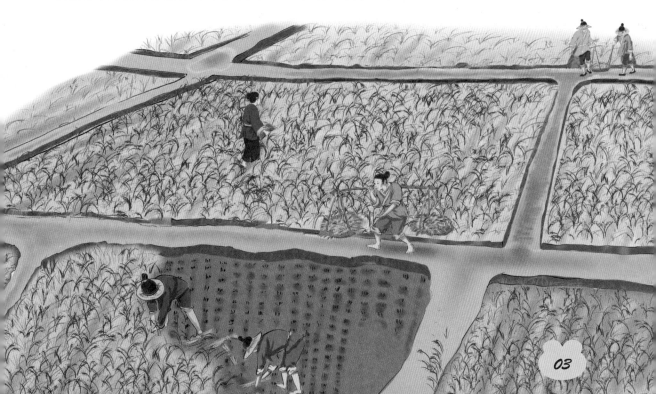

日晷

在古代，人们没有手表，也没有闹钟，那么，古人是怎么计算时间的呢？人们发现，物体在太阳下的影子会随着季节时令的变化而变化，还发现影子在一天当中也会发生变化，比如，随着太阳东升西落，物体的影子也会自西向东移动。于是，人们便发明了日晷（guǐ）。"晷"就是影子的意思，"日晷"就是太阳的影子。日晷通过太阳影子的长短和变化来向人们指示一天中的时间，所以，它是我国古代最早的一种钟表。

日晷主要由两部分组成——石制圆盘和铜制指针。圆盘叫作晷盘；指针叫作晷针，指向北极星。当太阳照在日晷上，指针就会产生影子。不同时间，指针的影子

指向不同的方向，这样，人们就知道了当时的时间。

　　日晷的正反两面刻有 12 个大格，这 12 个大格代表十二个时辰。大格之外，又画有小格，每个小格代表一刻钟，也就是 15 分钟。古代的时辰是用地支来命名的，十二时辰的名称分别为子时、丑时、寅（yín）时、卯（mǎo）时、辰时、巳（sì）时、午时、未时、申时、酉（yǒu）时、戌（xū）时、亥（hài）时。古代的一个时辰，相当于现在的两个小时，所以，古代的十二个时辰相当于现在的 24 小时。

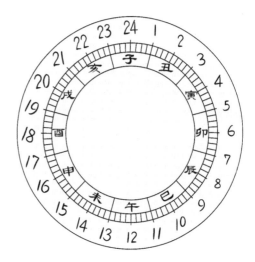

古代时辰和现在时间对照图

知识链接

　　古人认为天是主宰整个世界的，所以，天为干，地为支；在阴阳当中，天为阳，地为阴。"干支"是天干和地支的合称。天干和地支都是古代的文字计序符号，被广泛地用于历法、术数、计算、方位、时间、命名等很多方面。古代没有阿拉伯数字，所以，天干和地支就相当于我国古代的数字。同时，干支又融合了天地阴阳等很多意义在里面。

　　天干包括甲、乙、丙、丁、戊、己、庚、辛、壬（rén）、癸（guǐ），被称为"十天干"。地支包括子、丑、寅、卯、辰、巳、午、未、申、酉、戌、亥，被称为"十二地支"。两者按固定的顺序互相配合，组成了干支纪法。

　　地支同时还用来命名属相，对应的分别是（子）鼠、（丑）牛、（寅）虎、（卯）兔、（辰）龙、（巳）蛇、（午）马、（未）羊、（申）猴、（酉）鸡、（戌）狗、（亥）猪。

漏刻

由于日晷需要在晴天有太阳的时候才能使用，所以，当阴雨天气没有太阳的时候，日晷就会失去作用。为此，古人又发明了漏刻。漏刻的作用和日晷类似，都是人们测算时间的工具。漏刻的发明，使人们摆脱了天气对计时器的影响，为人们的生产生活提供了更多便利。

漏刻由漏壶和壶中的标尺两部分组成。早期的时候，漏刻只有一个漏壶，用于泄水或者盛水，标尺上面刻有刻度，也叫作"漏箭"。后来，漏壶发展为两个，根据不同作用分为受水壶和泄水壶。漏刻根据漏箭的不同用法，又分为沉箭漏和浮箭漏两种类型。

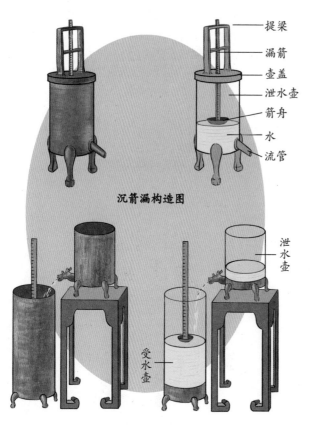

沉箭漏构造图

提梁
漏箭
壶盖
泄水壶
箭舟
水
流管

泄水壶

受水壶

浮箭漏构造图

其中，沉箭漏的漏箭在泄水壶中，将泄水壶里面装上水，水面上有一个箭舟托着漏箭浮在水面上。漏壶有壶盖和提梁，壶盖和提梁上有孔，长长的漏箭穿过壶盖和提梁上的孔。壶身下端有一个流管，随着壶内的水越来越少，漏箭就会不断下沉，人们就可以根据露在外面的漏箭上的刻度来看时间。

浮箭漏由两个壶组成，一个是受水壶，一个是泄水壶。浮箭漏的漏箭在受水壶中，水从泄水壶中滴流到受水壶中，这样，漏箭被箭舟托着就会不断浮上来，人们就可以根据漏箭浮上来的刻度来看时间。

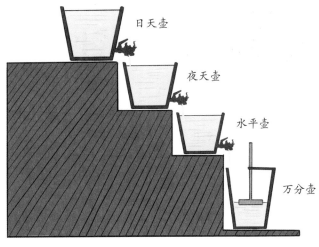

日天壶

夜天壶

水平壶

万分壶

多级漏刻构造图

后来，人们发现当漏壶里面的水装得比较多，水位比较高的时候，下面漏孔出水速度就会比较快。当漏壶里面的水比较少，水位比较低的时候，下面漏孔出水速度就会比较慢。这样，就影响了计时的准确性。为了解决这个问题，人们便增加了好几个漏壶，让它们位于不同的高度分级排列，也就是"多级漏刻"。上面的那些漏壶会慢慢往下面滴水，最下面的那个漏壶的水面高度会一直保持不变，这样，最下面的那个漏壶滴水的速度就会比较均匀，从而使人们获得比较精准的时间。

知识链接

宋代科学家燕肃发明了一种漏刻叫作"莲花漏"。莲花漏采用的是溢流法，上匮（kuì）的水流到下匮中。为了保证下匮水面的稳定，燕肃利用虹吸原理将下匮用一个竹注筒和减水盆连接。一旦下匮的水升到溢水口的时候，升上去的水就会流入减水盆，下匮中的水平面始终会保持不变，这样，就形成一种慢流系统，消除了水位变化带来的误差。由于它的受水壶和漏箭做成了莲花的形状，所以被称为"莲花漏"。

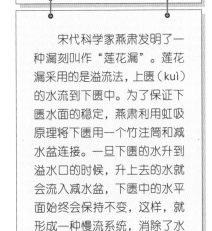

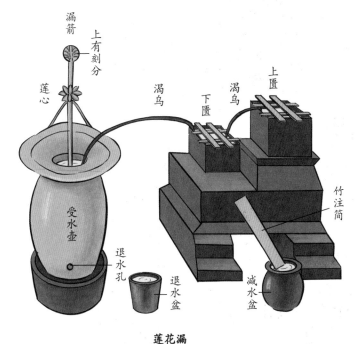

漏箭

上有刻分

莲心

渴乌

上匮

下匮

渴乌

受水壶

退水孔

竹注筒

退水盆

减水盆

莲花漏

指南针

指南针是我国著名的四大发明之一，它的出现大大推动了人类科学技术的进步以及世界文明的发展。指南针是我国劳动人民在长期的实践中对磁石的特性进行研究探索的成果。它的诞生，大大提高了人类在定位方面的能力，推动了人类大航海时代的到来。

司南

指南针的发明不是一蹴而就的，而是经过了一个漫长的探索和改进的过程。

在很早的时期，人们在开采矿石时意外发现了磁石。磁石只吸引铁质物品，就像母亲和子女之间的亲近关系，因此，当时人们称之为"磁石"。慢慢地，人们发现，磁石有南北两极，同极相互排斥，而异极却可以相互吸引。人们还发现，磁石的两极永远指向南北

知识链接

战国时期，我们的祖先就发明了司南。司南的外形像一个勺子，是用天然磁铁矿石制作而成的。如果把它放在一个光滑的方形盘子上，转动勺子，勺柄停下时便会自动地指向南方。

两个方向。于是，人们利用磁石的这种特性，发明出了初期的指南针——司南。

最初发明出来的指南针指示方向的精确度不够，也不方便携带。但是，经过人们的长期实践和改进，指南针的样式发生了很多变化，最终形成精确度极高，同时又方便携带的指南针样式。

指南鱼

水罗盘

北宋时期的科学家沈括发现了偏磁角，即指南针指示的北方其实和真正的北方存在一定的夹角。这项发现比西方早 400 多年，为自然科学的发展作出了巨大的贡献。另外，沈括还总结出了四种不同装置的指南针，分别是缕悬式、漂浮式、指甲式、碗沿式。

缕悬式是在指南针的中间点粘上蜡，然后，用丝线将指南针挂在木架或者手指上使用；漂浮式是将串了多段灯草的磁针放到有水的碗里，由于灯草是空心的，所以，磁针不会沉下去，漂在水上的磁针可以指示南北；指甲式指南针使用起来更加方便，

缕悬式指南针　　　　漂浮式指南针

指甲式指南针　　　　碗沿式指南针

不需要任何辅助工具，直接将磁针放到指甲盖上，轻轻旋转就可以指示南北；碗沿式是指将指南针放到碗沿上，碗沿作为磁针的支点，轻轻转动磁针也可以指示方向。后来，指南针经过不断改进，逐渐变得更加精确和方便，最终形成现在表盘形的样式。

指南龟

另外，宋朝时期人们还发明了很多造型有趣的指南针，例如指南龟。就是将木头做成小龟的形状，然后将小龟安在光滑的竹钉上使其可以自由旋转，最后，将磁针插入小龟屁股作为尾巴，这样，指南龟就做成了。它被认为是旱罗盘的前身。

南宋时期，人们还用木头刻成木头鱼，将磁石放进鱼肚子里，在鱼嘴处插一根铁针，把木头鱼放到水里，鱼嘴上的铁针会自动指向南方。

南宋时期，人们还将指南针的中心开一个小孔，然后，用一根轴将指南针固定在一个木盘上面，这样，指南针可以转动，停止转动的时候指针尖端会指向南方，木盘周围刻有各种方位刻度，人们根据刻度可以获取比较精准的定位。此时的旱罗盘，外形已经非常接近现代指南针，通过海上贸易传播到欧洲，欧洲人将指南针装到有玻璃罩的金属盒内，变成现代指南针的模样。

旱罗盘

指南鱼

浑天仪

人类自古以来就一直在探索我们所在的这个世界到底是怎样的，浩渺星空中究竟藏着什么秘密。于是，就诞生了天文学。我国在汉朝时期天文学就已经形成体系。为了研究宇宙的规律，我国的天文学家发明了浑天仪，后经不断改进，用它来探索宇宙星辰的奥秘。

浑天如鸡子，天体圆如弹丸，地如鸡子中黄，孤居于内。天大而地小，天表里有水，天之包地，犹壳之裹黄。天地各乘气而立，载水而浮。

——张衡《浑天仪注》

汉代时期，关于我们所处的这个世界，主要有三种学说，分别是"盖天说""宣夜说""浑天说"。盖天说认为，"天圆地方"，天就像一个大锅一样盖在四四方方的地上；宣夜说认为，天地都是由元气构成的；而浑天说认为，天和地都是圆的，天就像鸡蛋，

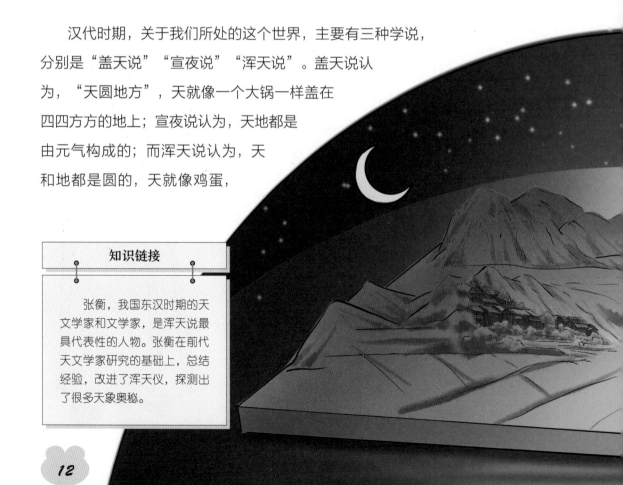

知识链接

张衡，我国东汉时期的天文学家和文学家，是浑天说最具代表性的人物。张衡在前代天文学家研究的基础上，总结经验，改进了浑天仪，探测出了很多天象奥秘。

而地像鸡蛋中的蛋黄，天包裹着地，地悬在天的内部。以今天的眼光来看，浑天学说虽然不是特别准确，但已经非常接近真实情况了。浑天说的主要代表人物是张衡，他在文章《灵宪》中指出，太阳是能发光的，月亮不发光，月亮的光是反射的太阳的光，当月亮向着太阳的时候，它的光就是满的，背对着太阳的时候，就没有光了。可见，张衡在那时对宇宙的认知已非常接近现代的理论了。并且，张衡还根据这套理论，改进了浑天仪。

宣夜说认为，天只不过是气体罢了，它无边无际，日月星辰都漂浮在这些气体上面，而且它们会发光。

浑天说

盖天说起源于商末周初，认为"天圆如张盖，地方如棋局"，天就像锅盖，它会自己旋转，盖在像棋盘一样的大地上。所有的日月星辰都像蚂蚁一样附在这个锅内壁上，被旋转的锅盖带动着转圈，所以，会东升西落。

浑天仪是由西汉天文学家落下闳（hóng）发明的，后来，张衡对其进行了改进。浑天仪由浑象和浑仪两部分组成。浑天仪中间的大圆球是浑象，外面套着的几层环是浑仪。浑天仪的环分为好几层，每层都可以转动，中间有一个铁轴贯穿了中间大球的中心，这条轴的方向就是地球的自转方向，轴和球体的两个接触点就是南极和北极。球的表面排列着二十八星宿和很多其他的恒星，球面上还有黄道圈和赤道圈。浑天仪可以说把当时最先进的天文学知识都体现在上面了。为了让浑天仪能够按照时刻自己转动，张衡还设计了两个滴漏壶，用水滴的动力来推动齿轮，齿轮带动浑天仪转动。浑天仪转动一周的时间正好是

知识链接

浑天说出现后，逐渐占据了主导地位，为浑天仪的诞生打下了理论基础。

浑仪　　　　　　　　　浑天仪

一昼夜，和地球的运行规律一致。而且，浑天仪还能把日月星辰的运行规律都生动地演示出来。

张衡把改进后的浑天仪安装在密室里，密室里有滴水的漏壶可以使浑天仪转动，然后，安排一个人在密室中对浑天仪进行观察，另一个人站在密室上方的观象台上观察天象。密室中的人观察到某颗星升起或落下或到达天顶的现象时，便大声告诉观象台上的人自己观察到的天象，结果，二人观察到的天象居然惊人地相符。由此可见，张衡的浑天仪是一种非常科学的天文学仪器。

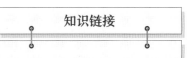

知识链接

浑象是古代用来演示天象的一种仪器，古人在浑象的表面刻画或者镶嵌各种星宿、赤道以及黄道等，和我们现在的地球仪非常相似。

浑象

地震仪

地震自古以来都是一种非常具有破坏力的自然灾害，严重的地震会导致墙倒屋塌、地面陷落，给人们的生命和财产带来巨大的损失和危害。在地震仪被发明出来之前，人们无法监测地震的发生，也无法记录地震的各种参数。直到东汉时期，我国科学家张衡发明了地震仪（叫作候风地动仪），这是世界上第一个地震仪，比西方的地震仪早了1700多年。

张衡所在的东汉，地震频发，使张衡对地震有了丰富而深刻的体验。为了掌握全国的地震动态，他经过长年研究，根据地震中房屋柱子倾倒的原理在阳嘉元年（公元132年），发明了地动仪，并于永和三年（公元138年）就第一次成功地监测出距

地震仪

离洛阳千里之外的陇西（今甘肃东南部）发生的六级地震。

张衡发明的候风地动仪是铜制的，外形很像一个酒樽。它的周围布有八条龙形铸件，这八条龙的龙头分别对应着八个不同的方向，龙头冲下，它们的嘴巴是活动的，各含一颗铜丸。每个龙头下面都蹲着一只长着大嘴的蟾蜍。当某个方向有地震时，这

个方向的龙嘴里的铜丸就会掉落到下方蟾蜍的嘴里。这个地震仪之所以叫候风地动仪，是因为古人认为地震是"候风"引发的。所谓的"候风"也叫"候气"，是指一种积聚的能量。

地震仪的内部中央有一根铜柱，被称为"都柱"。围绕都柱的是八条滑道，简称"八道"，每条滑道中都装有一组杠杆，称为"牙机"。每组杠杆都和外面的龙头上颌相连接。都柱就像是倒立的玻璃瓶子，当地震发生时，有一种地震波叫作纵波，它的振动方向和传播方向一致，因此，会最先被都柱感受到，这时，都柱会倒向某一条滑道，触发牙机杠杆，使得龙嘴张开吐出铜丸，铜丸落入下面的蟾蜍口中。这样，人们就知道那个方向发生了地震。地震仪就是利用纵波和横波的不同，先感知到纵波，在破坏力比较强的横波到来之前监测到地震。

1—地盘；2—蟾蜍；
3—铜丸；4—龙首；
5—龙体；6—仪盖；
7—仪体；8—牙机；
9—都柱；10—八道。

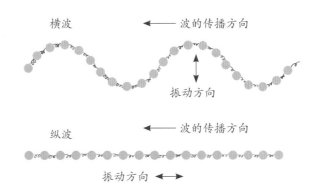

横波纵波图

地震仪横面截图

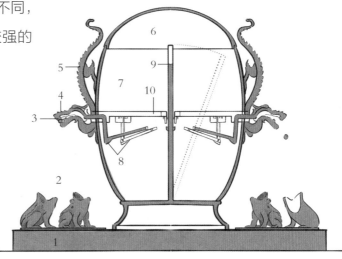

地震仪纵面截图

水运仪象台

　　水运仪象台是宋代的天文学家、天文机械制造家苏颂发明的一座综合性的天文观测仪器。它将观测天体的浑仪、演示天象的浑象、自动报时的机械装置、计量时间的漏刻以及水车等集于一体，它是中国古代天文仪器制造史上的一座高峰，反映出当时我国天文学家对于天文学知识和力学知识的运用已经达到了一个非常高的水平。

　　水运仪象台是一座木结构建筑，它的底部是正方形，下宽上窄，高约 12 米，底宽约 7 米。一共分为三层：最上层安装有观测天体的浑仪，为了方便观测天象，顶层的顶板可以自由开启；中层安装有演示天象的浑象；下层安装有报时装置和整个水运仪象台的动力装置，报时机械里面装有全世界第一个擒纵器。

　　水运仪象台通过水车的齿轮传动系统将浑仪、浑象以及报时装置相连，使这座木结构的天文装置内部各种仪器环环相扣，达到与天体同步运行的效果。

知识链接

　　在机械手表中，有一个擒纵装置，右图中灰色部件就像一个挂钟的钟摆，左右不停地摆动，而齿轮则一直顺时针转动。在灰色部件摆动的过程中，它的两个内抓手 A 和 B 就会轮流扣住齿轮的一个齿。由于 A 和 B 之间的宽度没办法做到同时包住黄色的两个齿，每次当 A 扣住一个齿的时候，B 就会放开一个齿，当 B 扣住一个齿的时候，A 就放开一个齿，"一抓一放"，这就是擒纵的含义。这种设置将原本不停转动的齿轮变成"一转一停"，形成了钟表中秒针的"间歇性运动"。而水运仪象台的水车动力系统就运用了这个原理，齿轮就相当于水车，而上面的灰色挂件则用一组杠杆来代替，因为杠杆的一头如果过重，另一头就会翘起来，使得水车也形成了间歇性运动。

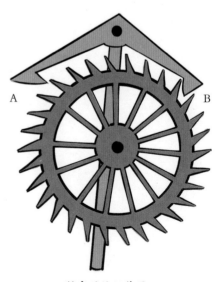

钟表的擒纵装置

水车是整个水运仪象台的动力系统的关键部分，它有36个水斗，每50秒，就会有一个水斗注满水。由于水的重力的作用，水斗盛满水之后就会往下压一格，由于擒纵装置的存在，水车就会一格一格地转起来，如同表盘一样，形成一种"走一下停一下"的间歇性运动。水车下面有狭长的退水盒，也叫退水壶，可以将流下来的水收集起来重复利用。

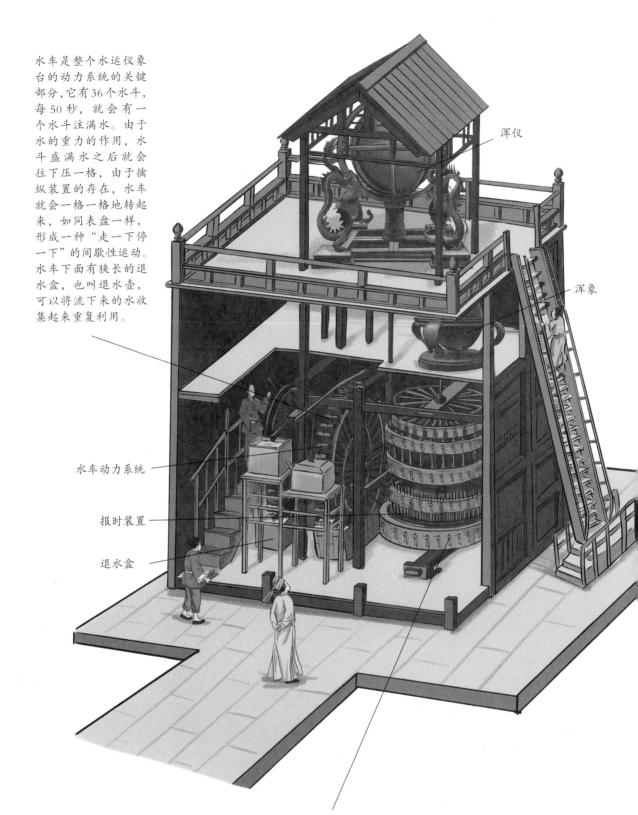

浑仪

浑象

水车动力系统

报时装置

退水盒

在水运仪象台的正面，有一座五层的小塔楼，这个小塔楼的每一层都站着数量不同的小木头人。他们有的穿着红衣服，有的穿着绿衣服，有的拿着鼓槌，有的拿着摇铃，还有的抱着一块刻字的小牌子。到了不同的时段，就会有不同的小木头人出来击鼓、摇铃或者报时。水运仪象台是我国最早的自动报时机械钟表。

水密隔舱

　　在中国古代，随着航运事业的发展，船舶技术也日益精进。为了减少在航行过程中发生的沉船事故，降低船舶事故给人们带来的损失，智慧的中国人民发明了水密隔舱技术。这项技术对造船业乃至人类整个航运事业都产生了巨大影响。直至现在，不论是排水量巨大的游轮，还是被称为"海上巨无霸"的航空母舰，都依然采用这项水密隔舱技术。

　　远古时期，人们将一根木头中间挖空做成独木舟。后来，人们用木板做成小船，坐在船肚里面划船。再后来，人们造出了更加巨大的船只，在巨大的船肚上面铺上甲板，甲板上面用来活动，甲板下面的空间便是船舱，船舱用来放货物或者住人。船舱是一整个空间，一旦船底破损，海水就会灌进整个船舱，船就会因此沉没。

　　为了解决这个问题，我国古代的人们

隔舱板由多块木板排列组成，每块木板之间都由槽接和榫子结构相接而成，非常稳固。

发明了水密隔舱技术，就是将整个船舱用隔舱板分隔成一个个独立的空间，每个船舱之间互不相通。小一些的船只需要对船舱进行横向隔舱就可以了，非常巨大的船除了要进行横向的隔舱外，还要在这些横向的隔舱中间进行一次纵向隔舱。

对于隔舱板和船舱之间的缝隙以及船上的各种缝隙，人们会用桐油灰掺揉竹丝进行挤塞粘缝。经过成千上万次的细敲和掺揉，这些缝隙变得密不透水。即使船底发生破损，也不过是一个小船舱进水，不会影响整个船的浮力。据说，我国古代的人是根据竹子内部分成的一截一截的结构发明了这项技术。

接下来，我们一起来了解一下水密舱壁的各部分的组成及结构。

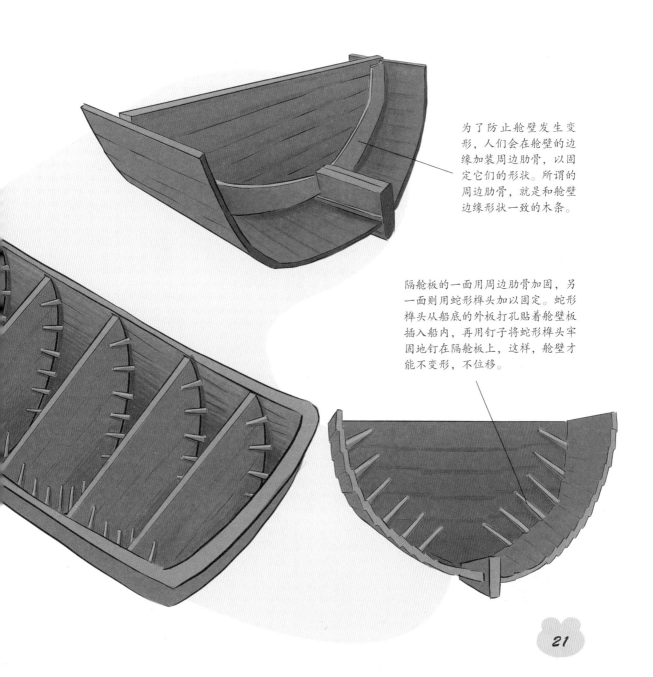

为了防止舱壁发生变形，人们会在舱壁的边缘加装周边肋骨，以固定它们的形状。所谓的周边肋骨，就是和舱壁边缘形状一致的木条。

隔舱板的一面用周边肋骨加固，另一面则用蛇形榫头加以固定。蛇形榫头从船底的外板打孔贴着舱壁板插入船内，再用钉子将蛇形榫头牢固地钉在隔舱板上，这样，舱壁才能不变形，不位移。

双作用活塞式风箱

古代人们在长期的实践中发现，增加灶中的气流就可以使火烧得更旺，并获得更高的温度。这是因为空气中的氧气有助燃的作用。为了给炉灶中的柴火或者木炭助燃，人们发明了双作用活塞式风箱。双作用活塞式风箱工作效率高，操作非常简单，成为冶铸业的主要鼓风设备。后来，双作用活塞式风箱不断被推广和普及，逐渐走进普通百姓家，成为家用的鼓风设备，在厨房中发挥着重要作用。

双作用活塞式风箱的外形非常像一个带拉杆的长方形木箱子，它的前后各有一个进风口，无论是推还是拉都能鼓风。风箱内部被一个横着的隔板分为上下两个空间，上面的空间比较狭长，有一个出风口，气流就是从这个出风口进入炉灶；下面的空间比较大，被活塞板分成了左右两个部分，随着拉杆的推拉，左右两个空间大小不断变化。活塞

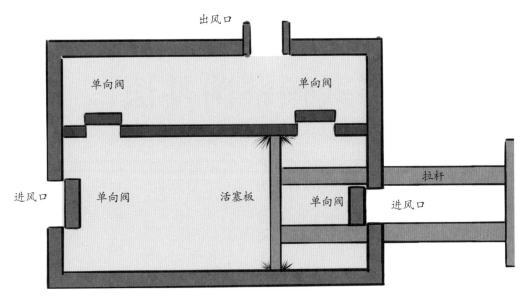

出风口

单向阀　　　　　　　单向阀

进风口　　　单向阀　　　　活塞板　　　单向阀　　　拉杆

进风口

活塞式风箱的内部结构

板上沾着很多细密的羽毛，这主要是为了填塞活塞板和风箱之间的缝隙，确保活塞板左右两个空间里的空气互不相通。风箱内部安装有四个盖板，它们是活门，也是四个单向阀。所谓的单向阀就是它们只允许空气单向流动，如果反方向流动就会走不通。这些单向阀配合活塞板完成鼓风的工作。接下来，我们一起了解下双作用活塞式风箱的工作原理（如图所示）。

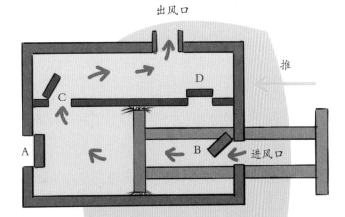

出风口

推

D

C

A　　　　　　B　　进风口

当人推风箱拉杆时，风箱下层左边的空间就会缩小，里面的空气受到压迫就会寻找出口。但由于A处的单向阀的面积大于洞口，所以，左侧空间里面的空气不但不能将A打开，还会将A死死地压在箱壁上。然后气流就会顶开上面的单向阀C，进入上层空间，最后从出风口出去。同时，由于右边空间变大，压强变小，单向阀B就会打开，外面的空气会被吸入进来。

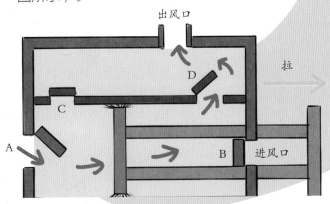

出风口

拉

D

C

A　　　　　　B　　进风口

当人拉风箱拉杆时，风箱下层右边的空间就会缩小，压强增加，里面的空气受到压迫就会寻找出口。由于B处的单向阀的面积大于洞口，所以，右侧空间里面的空气不但不能将B打开，还会将B死死地压在箱壁上。然后气流就会顶开上面的单向阀D，进入上层空间，最后从出风口出去。同时由于左边空间变大，压强变小，单向阀A就会打开，外面的空气会被吸进来。

冲击式顿钻凿井法

在古代，山区的人们为了获取盐水或者可以饮用的地下水，往往需要凿井。在没有现代化凿井设备的古代，人们凿井需要到井下作业，但是，凿的井越深，井下的空气就会越稀薄，这就对凿井深度有了限制。为了凿出深井，人们发明了一种凿小口径深井的办法，就是只让带钻头的钻杆下井开凿，不需要人下井作业，这种方法叫作冲击式顿钻凿井法。

所谓的冲击式顿钻凿井法，就是人们将钻头安装到由多根竹子相接制作而成的钻杆上，然后将钻杆提起来再落下去，让钻头在井底一下一下地凿击岩石层的凿井方法。由于钻杆非常长，也非常重，单靠人力是很难将它提起再进行顿凿的。于是，人们便在井口架起一个人力凿井碓架，制作一个巨大的脚踏碓，利用杠杆原理，将钻杆吊在脚踏碓的碓头上，然后伸进地下。由一人甚至多人像踩跷跷板一样跳到碓尾上——这样可以把钻杆提起大约1米高，然后跳离碓尾，钻头就会自由落体，撞击井底的岩石，把它敲碎。这个方法极大地提高了钻井速度和深度，甚至可以钻出1000米的深井。

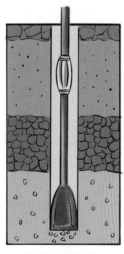

银锭锉示意图

钻头在整个钻井过程中起着至关重要的作用。首先，钻头刃部要锐利，这样和井底的接触面积小，钻头的冲击力就会比较强。其次，钻头要有排屑槽，随着井底被凿碎的岩石越来越多，如果钻头重复去击打这些已经被凿下来的岩石碎块就会降低工作效率，所以，钻头上一般会设计有凹形的排屑槽，在钻头往下冲击时，排屑槽会使那些岩石碎块避开钻头的刃部。不同类型的钻头名称也不相同，比如蒲扇锉、银锭锉、马蹄锉、垫根子锉等。

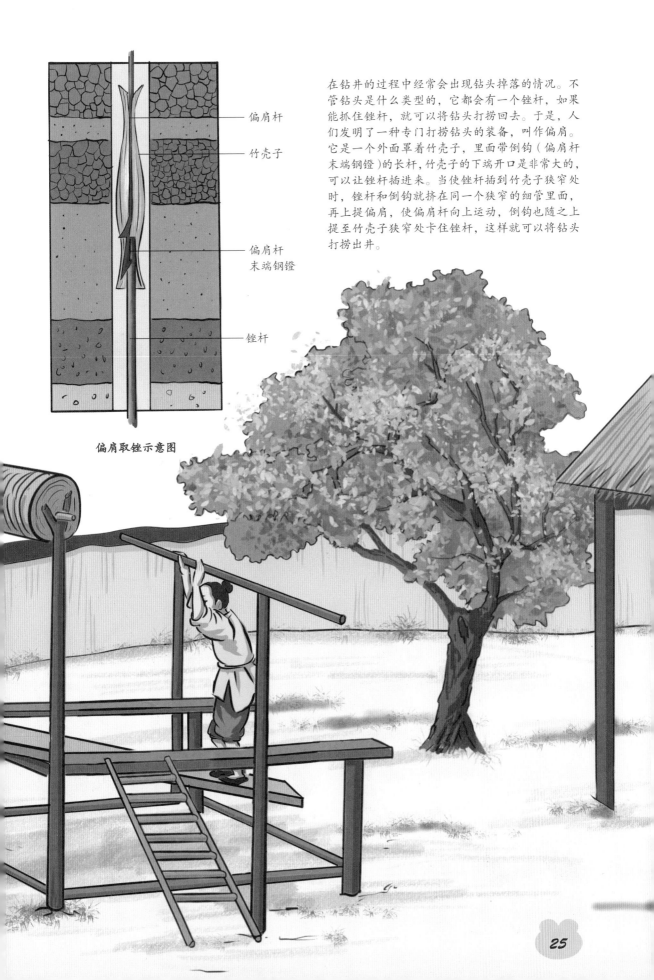

偏肩杆

竹壳子

偏肩杆
末端钢镗

锉杆

偏肩取锉示意图

在钻井的过程中经常会出现钻头掉落的情况。不管钻头是什么类型的，它都会有一个锉杆，如果能抓住锉杆，就可以将钻头打捞回去。于是，人们发明了一种专门打捞钻头的装备，叫作偏肩。它是一个外面罩着竹壳子，里面带倒钩（偏肩杆末端钢镗）的长杆，竹壳子的下端开口是非常大的，可以让锉杆插进来。当使锉杆插到竹壳子狭窄处时，锉杆和倒钩就挤在同一个狭窄的细管里面，再上提偏肩，使偏肩杆向上运动，倒钩也随之上提至竹壳子狭窄处卡住锉杆，这样就可以将钻头打捞出井。

通过冲击式顿钻凿井法钻出来的井叫作"卓筒井"。这种井的口径和竹筒的大小差不多，被誉为中国古代的"第五大发明"。钻井是一个非常复杂而漫长的过程，要经过多道严格的工序。

第一步：在钻井前，要先考察井位，选好井位后挖开泥土，开一个井口，直到挖到岩石为止。初开的这个井口要比最终挖成的井口大很多，但它是比较浅的。

第二步：往这个井口下石圈，这种石圈就是中间凿有一个圆洞的方形石块。将一个又一个这样的石块摞在一起，由于中间的圆洞是对齐的，就形成了一段长长的井壁，这是在为后续塑造更长的井壁打基础。

第三步：用比较大的钻头开凿，一直凿到有淡水渗透的地层，这时候的井已比较深了。

第四步：将竹筒放下去，这一步是为了隔开地下水，提高钻井效率。

第五步：用工具将井下凿出来的石头和泥沙等打捞出来，避免钻头重复工作。

第六步：换上小钻头继续往下凿，一直凿到地下卤水出来为止。

井打好之后，人们会将好几根竹子接在一起，做成一个非常长的汲水筒，然后将汲水筒吊在井架上的滑轮上。汲水筒的底部有一个皮阀，安装在竹子底圈内部，这个皮阀是一个单向阀。将汲水筒放入井底的时候，由于汲水筒的重力和水的浮力，水就会进入汲水筒内部。将这个汲水筒提起来离开水面时，汲水筒里面的水由于自身的重力将皮阀紧紧地压在竹筒底圈上，水无法流出去。灌满了卤水的汲水筒非常重，人们为了将它提上来，会在井架的顶部和边上各安装一个滑轮，然后，将汲水筒用绳子吊在滑轮上，把滑轮上的绳子再拴到井边的横置大转轮上。人赶着牛不停地转动横置大转轮，绳子就会缠到转轮上，从而将汲水筒从井里提上来。

人痘接种术

天花是一种传染性非常强的疾病，人一旦感染天花病毒，死亡率非常高，而且没有特效药可治。在医疗技术十分落后的古代，聪明智慧的古代中国人经过长期实践，发明出了人痘接种术，用"痘苗"来给人接种，以达到预防天花的目的。这是世界上最早的一种疫苗，挽救了无数人的生命。

古代的时候，人们对天花病毒没有科学的认知。古代的医者认为，天花这种病的病因大致有三种：一是环境反常导致"恶气"入侵人体，使人患上此病；二是人体阴阳失衡导致人患上此病；三是摔跤、被蛇咬或者受外伤导致人患上此病。

天花是由天花病毒引起的，该病毒的唯一宿主就是人类，它并不会感染其他物种。这种病毒主要通过呼吸道传播，一旦感染了这种病毒，人的身上就会起一种红疹，而且会高烧、头疼、疲累等。最可怕的是，它会引发严重的病毒血症，死亡率非常高。在医疗技术十分落后的古代，很多人因为感染天花而去世。长期以来，人类对这种病毒都束手无策，患者能否活下来，全看天意。

不过，这种病毒也有一个特点，那就是人一旦感染过——如果能够侥幸痊愈活下来，将会终身免疫，从此之后再也不会感染第二次。

古代中国人根据天花的这个特点，发明出了人痘接种术，就是利用已经感染天花病毒的患者身上的病毒来制作痘苗，然后使未感染天花病毒的人通过轻度感染来获得抗体，形成对天花的免疫力。经过长时间的改进和完善，人痘接种术取得了非常好的效果，获得了广泛推广。随着人们获得普遍的免疫，天花无法再进行传播，无数人的生命得以拯救。

我国古代的人痘接种术主要有四种，分别是痘衣法、痘浆法、旱苗法和水苗法。痘衣法和痘浆法是我国古代早期使用的方法，由于毒性比较强，所以效果不太好。后面的旱苗法和水苗法属于非常成功的方法，尤其是水苗法，被证实是最有效的一种方法。

　　痘衣法就是将天花患者的贴身衣服给没有感染过天花病毒的健康人穿两三天，使其获得对天花病毒的抵抗力。但是，这种方法效果不太好，甚至有的时候还会导致接种者感染天花病毒死亡。

　　痘浆法就是挤出天花患者身上痘粒中的浆液，然后用棉花沾上浆液塞进没有感染过天花的接种者的鼻孔里，使其获得对天花的抵抗力。但是，由于浆液里面天花病毒的浓度非常高，毒性很强，人体有时候不仅不能产生抵抗力，反而还很容易感染天花。

旱苗法就是将痊愈期的天花患者身上的痘痂研磨成粉，然后，用竹管吹入接种者的鼻子中。由于痊愈期的天花患者身上病毒的毒性已经降低，其痘痂研磨的粉无法使接种者罹患天花，同时，这种轻度的感染又能够激发患者身上的免疫力，从而获得对天花病毒的抵抗力。

水苗法就是将痊愈期患者身上的痘痂磨成细粉后，用清洁的水调和，然后，用棉花沾着调和好的液体塞入接种者的鼻子中。这种方法，接种者接触的病毒量也是比较小的，可以刺激人体免疫系统形成对天花的抵抗力。水苗法被证实是接种效果最好的一种方法。

新莽铜卡尺

新莽铜卡尺是古代的一种测量工具，诞生于公元9年，是王莽建立新朝后的产物，也是世界上最早的可以滑动的一种卡尺。现收藏于国家博物馆的新莽铜卡尺是我国一级文物。它被誉为现代游标卡尺的鼻祖，领先了世界1600年。它充分体现了我国劳动人民的智慧。

新朝是在西汉和东汉之间的一个短暂的王朝，它是由王莽建立的。虽然新朝只有短短15年的时间，但却是一个不可忽略的重要时期。王莽非常喜欢搞科技发明，他在建立了新朝之后，甚至专门成立了一个部门来研究科技发明。新莽铜卡尺就是出现在这样一个时代的测量工具，它的外形、工作原理以及功能，都和现代的游标卡尺非常相似。由于是铜制的，所以它被命名为新莽铜卡尺。

王莽

新莽铜卡尺由固定尺和活动尺两部分组成。这两个尺子都有比较精确的刻度，它们通过导销、导槽、组合套等部件嵌合在一起，活动尺可以在固定尺上自由滑动。新莽铜卡尺除了可以测出普通物体的长、宽、高外，还可以测量一些容器的内径、外径、深度、厚度等。可以将固定卡爪和活动卡爪卡在圆形容器的内

知识链接

王莽，新朝开国皇帝，共在位15年（公元9年—23年）。他推翻了西汉的统治，建立了新朝，并开始推行一系列新政，史称"王莽改制"。但王莽的改制未能缓和西汉末年的社会矛盾，反而使各种矛盾进一步激化，终于导致了以赤眉军、绿林军为主的农民大起义。

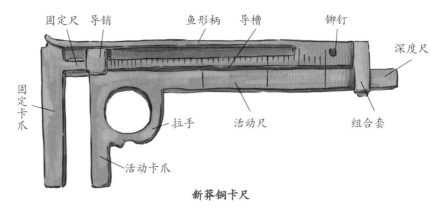

固定尺　导销　　　　鱼形柄　导槽　　　铆钉

固定卡爪　　　　　　　　　　　　　　　深度尺

拉手　　活动尺　　　组合套

活动卡爪

新莽铜卡尺

壁来测量圆形容器的内径，将圆形容器放到固定卡爪和活动卡爪之间便可以测量它的外径，这样可以计算出圆形容器壁的厚度。当人抓住拉手往右拉的时候，深度尺就会伸出去，可以用来测量深度。

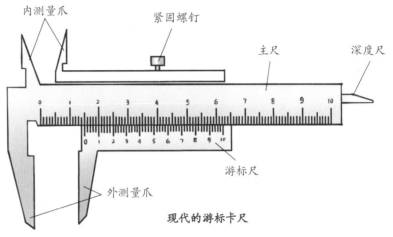

内测量爪　　　　紧固螺钉　　　　　主尺　　　深度尺

游标尺

外测量爪

现代的游标卡尺

　　现代的游标卡尺非常精确，可以精确到 0.02 毫米，除了可以测量物体的长、宽、高外，还有很多其他的用处。由于一些圆形容器的壁非常薄，用普通尺子比较难测量，而游标卡尺就可以解决这个问题，它可以精确地测量出圆形容器的内径和外径，从而得出它的厚度。上面的紧固螺钉可以固定游标尺让它不再移动，将纸张放入外测量爪之间，拧紧紧固螺钉，甚至可以测出纸张的厚度。向右拉游标尺，后面的深度尺会变长，可以用来测量深度。将其中一个测量爪当作圆心，可以画出一个有精确半径的正圆形，所以，游标卡尺也有圆规的作用。

小孔成像

小孔成像是一种物理现象，它利用了光是沿直线传播的原理。而这个原理是2400多年前我国古代著名的教育家、科学家墨子带着学生做实验时发现的。这是世界上第一个小孔成像实验，这个实验是对光沿直线传播的第一次科学解释。

在2400多年前，墨子带着学生做了一个小孔成像的实验。在一间黑暗的小屋里面，把朝阳的那一面墙开一个小洞，然后，让一个人在屋外对着这个小洞站立，屋里面小洞对面的墙上就会出现一个倒立的人影。这是怎么回事呢？

原来，人之所以能看到物体，是因为物体能反射光。物体反射的光线进入人的眼睛，人就看到了物体。如果在没有任何光源的黑暗房间里面，物体就无法反射光，这样我们也看不到物体。由于物体反射的光是射向所有方向的，如果我们想让物体的像呈现在一个特定的地方，比如某个墙面上，那就需要让这些反射光沿一个特定的方向传播，小孔就发挥了这个作用。

墨子的这个实验中，站在屋外的人全身都是可以反射光的，而且这些光是射向所有方向的，所以，他朝向小孔的那一面身体反射的光，必然有一部分会射向小孔（没有进入小孔的光则射向了屋外的

墨子

知识链接

墨子，春秋末期到战国初期宋国人，是墨家学派的创始人，同时也是一位思想家、教育家、科学家、军事家。他提出"兼爱""非攻"等非常著名的思想观点，创立了一整套科学理论。在这套理论中光学、几何学、物理学的成就最为突出。

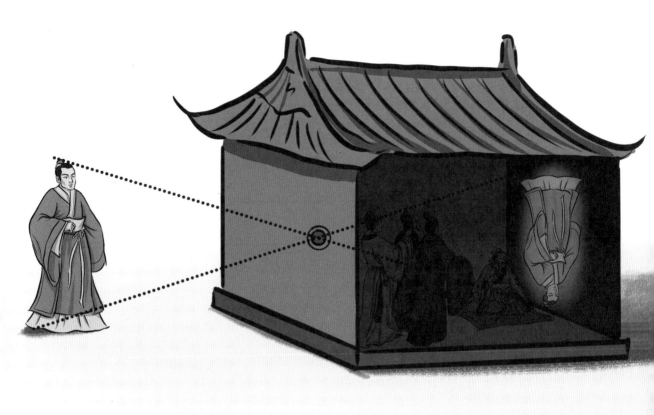

墙壁）。而光在不受外界因素干扰的情况下是沿直线传播的，不能拐弯，所以，它从人体头部某个点发射出去后，再经过小孔，最后只能落在屋内墙壁的下方。同理，脚部的光线发射点和小孔连成直线后继续往屋内延伸，落脚点也只能是屋内墙壁的上方。这样，在小孔的作用下，屋外的人在屋内墙壁的成像就是倒立的。

现代小孔成像实验中的成像物体，通常会选择一支蜡烛，它发射出的光经过小孔落到屏幕上也是倒立的。由于燃烧的蜡烛本身的光比普通物体反射的光线要强烈很多，所以，成像的屏幕周围不需要设置黑暗环境我们也能看到它的像。

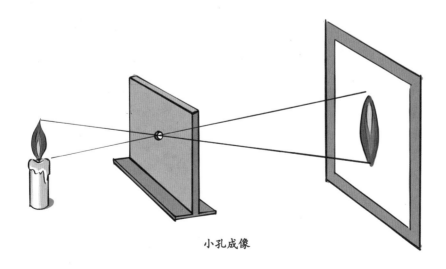

小孔成像

马镫

马镫是由我国古代的人们发明的一种能挂在马鞍两边的脚踏工具。它的发明大大提高了骑兵的战斗力。马镫传入西方之后，使他们的冷兵器实现了彻底的变革，改变了历史。

古代在没有马镫的时候，人们骑马只能两脚悬空，为了不让自己从马上掉下来，只好用两只手紧紧地抓住马的鬃毛，同时，双腿紧紧夹着马肚子。这样，骑马时间长了会非常劳累，身体稍微晃动就容易掉下马来。作为骑兵，单是骑在马背上就是一件苦差事，更别说还要在马背上攻击敌人。

马镫出现之后，大大改变了这种情况。马镫挂在马鞍两侧，骑马人可以踩着它上马，骑到马上之后还可以将脚踩在马镫上。马镫可以为骑马人提供很好的支撑力，使骑马人在马上更加舒适、安全，同时还解放了骑马人的双手。骑兵们仅仅靠双脚就能在马上稳住身体，战马也变得更加容易驾驭。有了马镫，人与马合为一体，骑兵即使左右大幅摇摆都不

会轻易掉下马去，而且骑兵还可以腾出双手来使用兵器攻击敌人，无论是射箭或者用大刀进行劈砍都不在话下。

由于马镫是由我国古代人民发明的，所以，也被西方称为"中国靴子"。马镫传播到欧洲以后，促进了欧洲马具的改进和骑兵部队的发展。

镫柄

镫穿

镫环

踏板

马镫的结构非常简单，主要由两个部分组成，一个是用来脚踏的部分，叫作镫环；另一个部分是将马镫悬挂在马鞍两侧的镫柄。镫柄下面有一个扁孔，叫作镫穿。镫环呈马蹄形，上窄下宽，下面放脚的部分叫作踏板，所以，踏板比较宽大。马镫这种构造使它可以被牢牢地拴在马鞍上。马镫大都用铁制作而成，非常耐用，不易损坏。

弩

弩是我国古代的一种冷兵器，虽然它和弓一样射出去的都是箭，但是，它比弓的射程要远，命中率要高，所以杀伤力也更强，而且对使用者的技术要求也更低。因为弩上安装了一组青铜组件，叫作"青铜弩机"，使得最原始的弓箭有了和现代手枪类似的发射机关，大大增强了弩的威力。

弩主要分为弩弓、弩箭、弩臂和弩机四个部分，弩臂主要用来放置弩箭，弩机用来发射弩箭，而弩弓和弩箭与普通弓箭上的弓、箭装置别无二致。只不过，弓是用手拉弦，然后松手放箭；弩是将弦挂在弩机上面的一对并列的小挂钩上，这对小挂钩起到的就是人拉弦时两个手指的作用。这对小挂钩叫作"牙"，它们的形状一模一样。

青铜弩机要先装在一个叫作"郭"的匣子里面，然后，将郭安装在弩上才可以使用。

青铜弩机的构造其实非常简单，只有三个零件，分别是悬刀、钩心以及一个L形的零件。这个L形的零件是由望山和牙组成的。竖长条状的部分叫作望山。悬刀相当于现代手枪上的扳机，使用弩的人将悬刀往后扳一下，箭就能发射出去。牙主要是用来钩住弦，望山用来瞄准目标。这三个零件上都有一个孔，用来将它们安装到郭的内部。

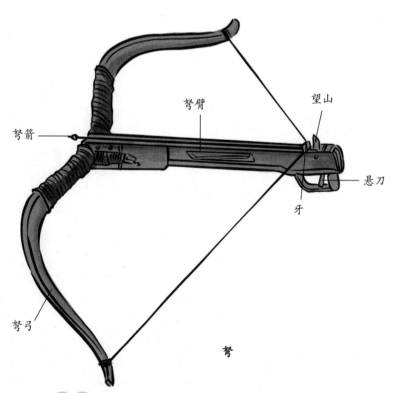

弩臂　望山　弩箭　悬刀　牙　弩弓

弩

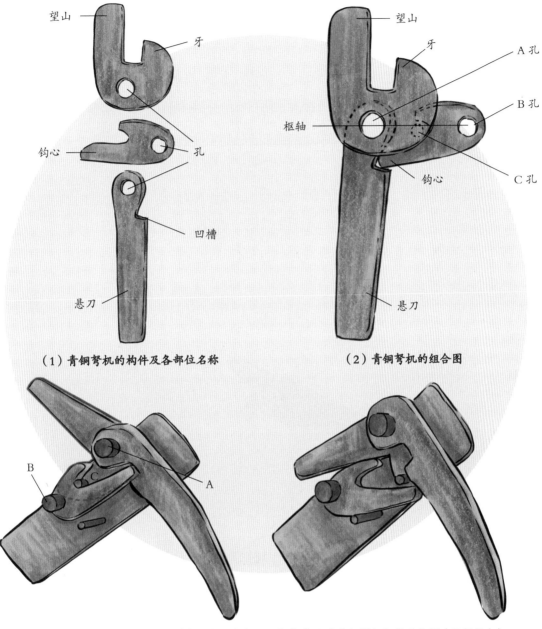

望山

牙

钩心

孔

凹槽

悬刀

（1）青铜弩机的构件及各部位名称

望山

牙

A孔

B孔

枢轴

钩心

C孔

悬刀

（2）青铜弩机的组合图

B

C

A

（3）背面的青铜弩机组件立体图（未发射状态）

（4）背面的青铜弩机组件立体图（发射状态）

如上图（3）所示，实线代表肉眼可看到的形状，虚线代表被遮挡住的部分，A、B是垂直于平面的两根圆柱，它们就像钉在墙面上的两个钉子，C是位于L形零件背面的圆柱（正面看不到），悬刀和L形零件的圆孔重合，一起挂在A柱上。钩心通过自身的圆孔挂在B柱上。钩心具有一长一短两个尖端，由于它的长尖端插在悬刀的凹槽里面，短尖端卡在L形零件的C圆柱上，所以，三个零件相互制衡。这个时候悬刀只能往后拉，不能往前推，因为往前推的话，另外两个零件会制约它，而这两个零件由于三者之间的制约关系也无法活动。

当人用手将悬刀往后拉的时候，钩心的长尖端就会从悬刀的凹槽里面掉出来，同时，由于它的短尖端一直卡着C柱，所以，这时也会把L形零件一起转下来。这样，牙也下来了，弦没有了钩住它的东西就会将箭发射出去。如果把望山往后扳直，C柱就会重新回到钩心的中心，钩心的长尖端也会重新回到悬刀的凹槽中，一切就又会复原，牙可以重新再次挂弦。

早先，人们使用弓箭时，在瞄准目标的过程中要一直用力拉着弦，而弩机发明之后，人们只需要将弦挂到牙上然后瞄准目标扣动悬刀进行射击就行，这个瞄准的过程不再需要拉弦。但是，把弦往牙上挂这个步骤依然需要用人力。为了使弩的射程更远，杀伤力更强，人们将弩的体型造得更大，弓更粗，弦也更长。这种弩弓的强度非常大，只靠人的臂力是无法将弩弓拉满的，于是，人们便发明出了踏张弩和床弩。

踏张弩需要人的臂力和脚的蹬力结合在一起才能拉弓挂弦，它的造型和普通的弩相比，前端多了一个像马镫一样的环。在拉弓挂弦的时候，将一只脚伸进环内使劲蹬住，然后用臂力将弦使劲往后拉，直到挂到牙上。踏张弩射程可达 800 米，杀伤力极强，可以穿透敌人的铠甲，射穿骨头。

踏张弩的弩弓长约 1.1 米，弩臂长约70 厘米，和普通弩相比，它的弓更大，弩臂更粗，弦更长，射程更长，威力也更大。

床弩由三张弓组成，各个弓上的弦由小滑轮连接。由于弓的强度较大，弦不容易拉开，所以，床弩安装有牵引钩和牵引绳。牵引钩可以勾住弦，牵引绳缠在绞轴上面，转动绞轴就可以将弦拉开挂到牙上，这种方式可以大大节省人力。

　　床弩也叫"三弓床弩"，因为它由三张弓构成。床弩的箭杆是用非常坚硬的木头做的，而箭翎用铁片做成。床弩将三张弓合为一体，体型庞大；弩弓的强度也非常大，射程也非常远，可以达到 1500 米，而射出去的箭威力也很大，甚至可以直接钉进城墙里面，士兵踩着这些钉进城墙里面的箭，可以爬到城楼上，实现攻城的目的。但是，体型越大的床弩在拉弓的时候需要的人越多，想拉开床弩的弓，也不是一件容易的事情。后来，人们为了节省人力，便为床弩装上了牵引钩和牵引绳，这样，只要转动绞轴就可以拉动牵引钩将弓拉开。

火药箭

　　火药是我国的四大发明之一，在火药发明出来之前，人们在战场上使用的都是冷兵器。有了火药之后，人们利用火药发明出了很多热兵器，将火药和弓箭结合在一起发明出来的火药箭就是其中的一种。它大大提高了弓箭的杀伤力。

　　在火药没有发明出来之前，战场上就有了"纵火术"，就是在箭上悬挂一些叫作"火包"的燃烧包，然后将箭射向敌方阵营，引发敌方大火，烧毁对方的粮草。这些燃烧包里面一般都是松香或者油脂之类的东西，如果燃烧包比较小，不太容易引发敌方大火；如果燃烧包里放的燃烧物过多，又会拖慢箭的飞行速度，降低命中率。所以，火药发明出来之后，这类火包就被淘汰了。

　　宋朝时期，人们发明出了火药箭，顾名思义就是带着火药的箭，而不是我们现代

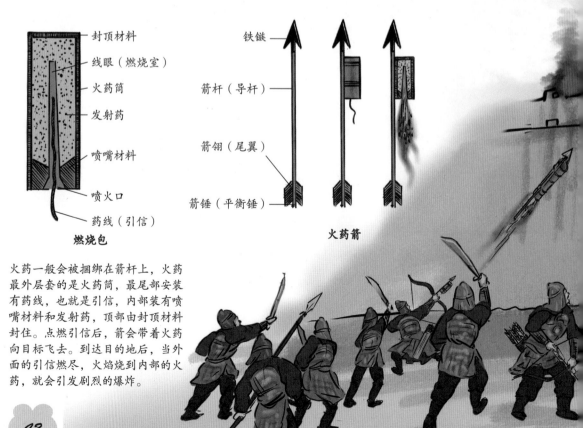

燃烧包
- 封顶材料
- 线眼（燃烧室）
- 火药筒
- 发射药
- 喷嘴材料
- 喷火口
- 药线（引信）

火药箭
- 铁镞
- 箭杆（导杆）
- 箭翎（尾翼）
- 箭锤（平衡锤）

火药一般会被捆绑在箭杆上，火药最外层套的是火药筒，最尾部安装有药线，也就是引信，内部装有喷嘴材料和发射药，顶部由封顶材料封住。点燃引信后，箭会带着火药向目标飞去。到达目的地后，当外面的引信燃尽，火焰烧到内部的火药，就会引发剧烈的爆炸。

意义上的火箭。火药的主要成分是硫黄、雄黄、硝石，不需要太大的量，点燃之后就会发生爆炸。人们利用火药的这种特性，将其用布或纸包起来或卷成卷，在尾部插上引火线，再将火药包或火药卷绑在箭上，做成火药箭。

在陆地作战时，士兵点燃引火线后，立马将箭射向敌方阵营，借助风力，火势蔓延，能很大概率焚烧敌方的军营或粮草；在水上作战时，如果火药箭利用得好，甚至可以焚烧敌方的战船；在攻打敌方城池时，火药箭也是非常便捷且实用的火攻武器，被广泛地应用于攻城战役中。

由于火药一旦点燃会发生非常剧烈的爆炸，可以对人造成烧伤，甚至可以烧毁军营、房屋以及粮草，一旦引发敌方军营大火，会给敌方的兵士造成比较大的恐慌，在战场上具有很大的杀伤力。

一窝蜂

宋朝时期，火药箭就被发明出来了。到了明朝时期，人们觉得火药箭一次只能射出一支，杀伤力太低，因此，又对这个武器进行了升级和改进，于是"一窝蜂"诞生了。一窝蜂又叫集束火箭炮，它可以同时发射出很多支火药箭，威力巨大。

一窝蜂是现代多管火箭炮的前身，它将战车和火药箭结合起来，可以同时在内部装 32 支火药箭，在发射的时候，就像整个蜂群一起出动，连绵不绝地射向敌方，因此被称为"一窝蜂"。发射的时候，将所有火药箭的引线一起点燃，射出去的箭就像一条条火龙在空中飞。箭在飞的过程中，如果遇到人或者马，可以直接将其穿透。而且，一窝蜂一旦发射，它的目标范围非常大，打击面很广，箭支非常密集，敌人很难逃开它的攻击。

在战场上，由于骑兵速度快，人骑在马上所处的位置比较高，所以，只靠两条腿跑动的步兵很难对抗骑兵的进攻，因此，步兵一旦和骑兵交锋，一般都伤亡惨重。但是，有了一窝蜂这种

武器之后,步兵便可以对付骑兵了。他们推着架火战车在战场上灵活地移动,在离骑兵比较远的地方就可以发射火药箭。为了增强火药箭的密集度,步兵甚至会一次性将多个一窝蜂并列在一起发射,这样可以通过增强火药箭的密集度来弥补精准度的不足。骑兵面临如此密集的火药箭攻击,基本无处可躲,很容易遭受重创。

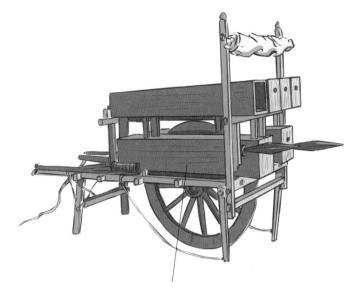

架火战车是一窝蜂的重要组成部分,32发火药箭都装在它的内部,它只有一个独轮,独轮周围有四条腿,推起车子时后面两条腿就离开地面,停下车子时四条腿可以帮助它站立,所以,它在战场上非常机动灵活,可以随走随停。

发机飞火

火药被发明出来之后，人们用火药改造了很多以前的冷兵器，其中就包括投石机。投石机也叫抛石机。人们将抛石机和火药结合，制作出了一种新的远程投射武器，叫作发机飞火。将原本抛石头的抛石机改为抛火药包的装备，大大增强了抛石机的威力。

在发机飞火出现之前，古人已经在战争中使用抛石机。抛石机是一种非常重要的重型武器。人们将巨大的石块装到抛石机上面，利用抛石机的力量将石块抛入敌方阵营，目的是利用石块的重力砸死或者砸伤敌方的士兵。但是，由于每次只能击中少量目标，所以这种装备的杀伤力比较低。

当火药被发明出来之后，人们将火药包放入抛石机内，将其抛入敌方阵营或者城内，火药包会发生剧烈的爆炸，给敌方的人和物都造成巨大的损失。这种将抛石机和

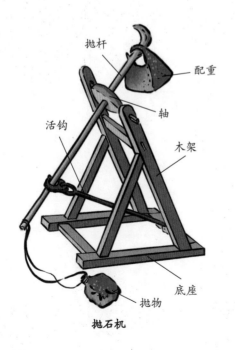

抛杆

配重

轴

活钩

木架

底座

抛物

抛石机

知识链接

抛石机利用的是杠杆原理。想将石块抛向比较远的地方，就要用人力将抛杆的一头尽量压低，这样另一头就会翘起来，上面的抛物就会被发射出去。抛物越重，那么抛杆这头就需要更多的人力去压抛杆。为了减轻人力负担，人们给抛杆的一头进行配重，也就是说把比较重的东西挂在抛杆的一头，这样在压抛杆的时候，就可以节省很多人力。

火药结合的武器叫作发机飞火。发机飞火由于射程远，而且造成的损害比较大，甚至可以炸毁城墙和房屋，所以成为攻城的重要武器。

知识链接

发机飞火是一种远程抛射武器，非常适合攻城。它是将石头换成了火药包，火药包的杀伤力比石头大得多。用发机飞火来攻城比直接用人来攻城要更加快捷有效，敌人对此没有比较有效的防御手段，而且能够大大减少自己这一方的人员伤亡。

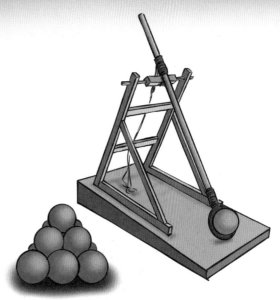

发机飞火

神火飞鸦

神火飞鸦可以说是现代军用火箭的鼻祖，它的外形和乌鸦相似，有两个巨大的翅膀，所以叫"神火飞鸦"。它可以将炸药带上天，飞入敌方阵营发生爆炸，可以说是世界上最早的"无人轰炸机"。

明朝时期，我国的火药武器有了非常大的进步。明朝书籍上记载，在战场上人们使用了一种叫作神火飞鸦的武器。他们将鸟类身上的特征和火药的功能相互结合发明出这种火药武器。这说明我国古代的人们在利用火药发明一些武器的时候，已经有了仿生意识。

神火飞鸦的身体是用细竹条或者芦苇编织而成的，身体内部填充了火药，身体下面绑着多个火药筒，这种火药筒被称为"起火"，火药桶里面同样装满火药。火药筒底部和飞鸦身体内部的火药通过引线相互连接。点燃引线后，利用火药燃烧的反作用力使神火飞鸦起飞。发射后，神火飞鸦可以升至 350 米的高空。神火飞鸦的骨架非常轻盈，两个巨大的翅膀可以有效利用空气托举身体，尾巴则可以起到很好的平衡作用。所以，发射出去后，神火飞鸦可以飞到 300 米外，飞到敌方阵地后利用身上的火药来轰炸敌方阵地。但是，这种武器也有自身的缺点，比如它飞入空中后受气流的影响比较大，这样容易导致它的飞行轨迹难以掌握，有可能飞到别的地方，甚至反过来飞回自己的阵营。而且，由于它无法携带过重的火药，所以爆炸力不足。但是，不可否认的是，它的确可以扰乱敌营，给敌人造成一些混乱。

神火飞鸦

知识链接

古时候，人们的仿生意识就已经很强了，在做神火飞鸦的时候，他们甚至连武器表面的颜色都仿照鸟类。这样做的好处是神火飞鸦在天空飞行的时候具有隐蔽蔽，加上原本飞行的时候离地面就有一定的距离，所以，从地面看，神火飞鸦很像普通鸟类。

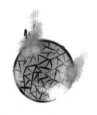

毒药烟球

毒药烟球是在北宋初期发明的一种球形火药武器，它可以通过散发毒气使敌方的人、马中毒，同时，还可以扰乱敌方阵营，可以说是当时世界上威力非常大的武器。

毒药烟球重2.5千克左右，内部主要是砒霜、狼毒以及草乌头等有毒物质。另外，这些毒物中还掺入了麻茹、竹茹、桐油、黄蜡、木炭、沥青

在没有抛石机的时候，毒药烟球上的麻绳可以方便用手来投掷。毒药烟球外面有一层壳，可起到延时释放毒气的作用。在发射前将这层壳引燃，内部的毒药还没有被引燃。发射到敌方后，内部毒药开始被引燃，这个时候毒就会散发出来。

等材料。人们把这些材料捣碎揉成球，用多层纸在球的表面糊一个外壳，并装上一根麻绳做引线。毒药烟球一般会和抛石机结合使用，这样可让毒药烟球被点燃后在短时间内被扔得比较远，也有利于保护自己这方的人、马不被毒药烟球所伤害。

毒药烟球被扔到敌方阵营里面之后，散发出来的毒烟可以使敌方的人、马口鼻流血，呼吸困难，倒地晕厥，甚至死亡。由于这种毒药烟球的威力很大，所以，将其扔到敌方阵营后会引发骚乱。

由于火药的发明，我国在清朝之前的很多朝代，军事力量都走在世界前列。

蒺藜火球

蒺（jí）藜（lí）火球是宋朝初期发明的一种火药武器，由于它满身都是刺，和一种叫作蒺藜的植物果实非常相像，因此得名。它不但可以爆炸，而且爆炸后迸发出来的碎片和尖刺还会对人造成二次伤害，可以说是最早的"手榴弹"。

蒺藜火球被发明出来之后，在宋、金、元三个朝代都是非常重要的火药武器之一。它的内部是火药和铁刃，外面是尖刺，中间贯穿了一条绳子，绳子在球体两端各露出一段，方便人用手握绳投掷。这种武器非常适合从高处扔下去攻击那些往上攻的士兵，所以，它是守阵地和守城的利器。另外，蒺藜火球也是对付骑兵的法宝，用投石机将蒺藜火球扔到敌方的骑兵中间，产生的爆炸会使马受惊，扰乱敌方阵营。另外，爆炸时迸发出来的碎片和尖刺还会伤到马腿，使敌人没办法骑马反击。

蒺藜火球主要有两种，一种是火药铁蒺藜球，一种是陶瓷蒺藜球，它们的内部都有火药，外面都有尖刺，在战场上具有很大的杀伤力。

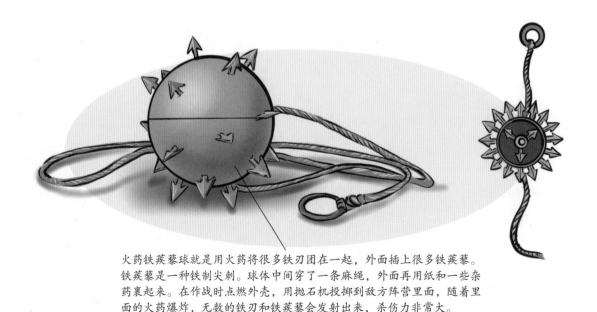

火药铁蒺藜球就是用火药将很多铁刃团在一起，外面插上很多铁蒺藜。铁蒺藜是一种铁制尖刺。球体中间穿了一条麻绳，外面再用纸和一些杂药裹起来。在作战时点燃外壳，用抛石机投掷到敌方阵营里面，随着里面的火药爆炸，无数的铁刃和铁蒺藜会发射出来，杀伤力非常大。

陶瓷蒺藜球是先烧制出一个附满逆刺的陶瓷的蒺藜球外壳，顶端留一个小孔，从这个小孔填入火药，并安装上引线。使用的时候，将引线点燃之后扔向敌方阵营，陶瓷蒺藜球砸到地面或者建筑物上之后，陶瓷的逆刺和里面的铁刃四射，可以杀伤敌人，同时，爆炸还会引发敌方大火。另外，还可以提前将其埋藏在敌方阵地上或者必经之路上，也会产生同样的效果。

突火枪

突火枪是宋朝时期发明的一种管状火药武器，它对近距离的目标杀伤力很大，特别是对快速移动的目标命中率很高。它是世界上最早的霰（xiàn）弹枪，也是现代所有管状喷射武器的鼻祖。

突火枪的枪身是一支巨大的竹筒，里面装有子窠（kē），所谓子窠就是火药弹的意思。早期的时候，突火枪里面主要装一些石子、碎铁以及瓷片等，然后，利用火药燃烧的推力将它们发射出去。但是，这些东西的杀伤力太弱，后来人们为突火枪制造出了子窠。使用的时候，先将黑火药从发射口塞入竹筒里面，然后再将子窠塞入枪内，黑火药所在位置的管壁上有一小孔，通过这个小孔可以将黑火药引燃，之后，突火枪

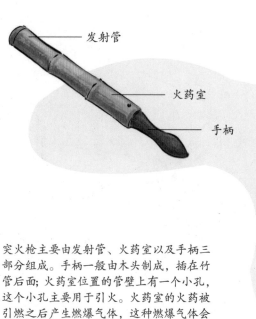

发射管

火药室

手柄

突火枪主要由发射管、火药室以及手柄三部分组成。手柄一般由木头制成，插在竹管后面；火药室位置的管壁上有一个小孔，这个小孔主要用于引火。火药室的火药被引燃之后产生燃爆气体，这种燃爆气体会将发射管中的子窠发射出去。

就会将大量的弹药发射出去。它的射程不长，大概有200多米，但是由于它一次性射出去的子弹数量比较多，所以对近距离移动的目标命中率还是比较高的。

突火枪在发射的时候会产生非常巨大的声响，如同放炮，能对敌军造成很大的心理上的威慑作用。突火枪的诞生标志着人类进入了枪械时代。

由于突火枪的枪管是由竹子做的，所以，在多次射击之后，竹管一直处于高温的状态，时间长了就会导致竹管开裂，严重的时候竹管会直接炸开，也就是所谓的"炸膛"。这时对于手持突火枪的人来说，突火枪就成了一种自杀武器。

火铳

由于用竹子做的突火枪容易出现炸膛的情况，所以，到了元朝，人们将突火枪的枪管改成了金属枪管，并将其命名为"火铳（chòng）"。火铳是世界上最早的金属管形射击武器，它的出现使我国的热兵器进入了一个崭新的阶段。

火铳也叫火筒，是元朝时期军队的重要装备。火铳主要由铳膛（铳筒）、药室（燃烧室）和尾銎（qióng）三个部分组成。药室外面有一个小孔，是用来安装引线点燃内部火药的，这个小孔叫作火门。最前面发射弹丸的口叫作铳口。火铳的药室是鼓起来的，就像套了一个灯笼罩一样，这种构造可以使火药在里面迅速燃烧，增加横向的燃烧面积，瞬间产生大量的高压气体。高压气体进入比较细的铳膛中后，空间缩小，使得气体压强增大，这样，发射出去的弹丸速度更快，杀伤力更强。尾銎主要用来安装木棒，使用时，士兵手持木棒将铳口对准敌人射击。另外，还可以将安装了木棒的火铳架在架子上进行发射。

火铳的材质是青铜的，因此，和突火枪相比，它的性能得到了巨大的提升，它的

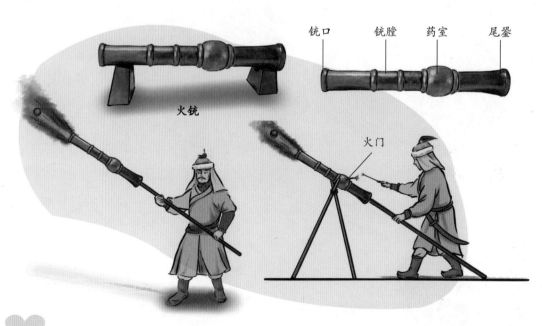

铳口　铳膛　药室　尾銎

火铳

火门

铳膛可以承受比较大的膛压，所以可以填塞比较多的火药和比较重的弹丸，杀伤力增强，使用寿命也大大增加。火铳出现之后，逐渐代替了战场上大量的冷兵器，成为战场上的主要战斗武器。

元朝时期，火铳已经实现了批量生产，而且规格统一。在批量生产之前，人们会先将火铳各部分的尺寸都设计好，保证填塞进去的火药量达到想要的标准，确保发射时的威力。火药弹丸发射出去之后，还要先清理火铳内部残留的药渣，才能再次填充新的弹丸。由于金属制作的火铳内壁非常光滑，所以很容易清除弹药的药渣，这样在战场上能够节约很多时间，而且还可以提高弹丸的射速。

火铳不但获得了元朝军队的认可，甚至连元朝末期朱元璋领导的农民起义军都大量使用这款武器，为明朝政权的建立作出了巨大的贡献。明朝建立之后，火铳的性能又得到进一步的提升，并被大量应用于边防和海防，成为当时军事力量的重要组成部分。

迅雷铳

迅雷铳由明朝的火器专家赵士桢发明，它是一款单兵多用的武器，将冷兵器和热兵器结合在一起，同时具备攻击和防护的功能，而且便于携带。如此多功能的武器，在火器众多的明朝可谓独树一帜。

明朝非常注重对火器的研究，甚至出现了一些对火器非常有研究的官员，赵士桢就是其中一个。他发明的迅雷铳，将多管火铳、盾牌、长矛以及斧头等多种武器结合在一起，士兵手持迅雷铳时，前面是盾牌，可以用来掩护自己，免受攻击；后面是长矛，可以用于跟敌人近战；支架是斧头，可以用来劈砍。

矛的尖头非常锋利，一旦火铳发射完来不及装弹而敌人已经冲到自己面前时，士兵可以立马将迅雷铳调转过来用矛和敌人拼杀。

盾牌为圆形，和火铳的铳管相结合，对使用迅雷铳射击的士兵有保护作用，可以抵挡对方射过来的冷箭，在跟敌人近身搏斗时，也可以抵御对面敌人的刀剑。

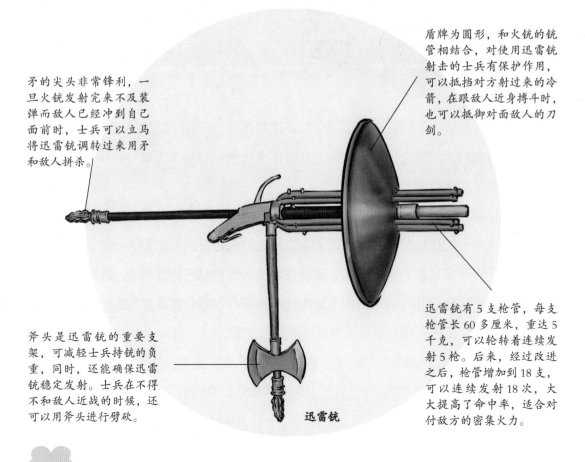

迅雷铳

斧头是迅雷铳的重要支架，可减轻士兵持铳的负重，同时，还能确保迅雷铳稳定发射。士兵在不得不和敌人近战的时候，还可以用斧头进行劈砍。

迅雷铳有5支枪管，每支枪管长60多厘米，重达5千克，可以轮转着连续发射5枪。后来，经过改进之后，枪管增加到18支，可以连续发射18次，大大提高了命中率，适合对付敌方的密集火力。

　　明朝之所以研制迅雷铳这样的武器，是因为在和游牧民族的战争中，火器部队在全军中的占比非常大，他们使用的火枪射程非常有限，只有 100 米左右，而且发射有间隔时间。游牧民族的骑兵在冲击的时候速度非常快，明朝火器部队士兵发射完一枪后，还没有来得及发射下一枪，骑兵就已经来到身边。为了使火器部队的士兵有能力和游牧民族的骑兵近身肉搏，明朝军队就发明出了迅雷铳。有了这样的武器，士兵可以用火铳射击，还可以用盾牌保护自己，一旦面临需要近身肉搏的情况，立马就能用迅雷铳上的矛或斧头和敌人拼杀。

火龙出水

火龙出水是明朝中期发明出来的一种火箭，可以水陆两用，是现代二级火箭的鼻祖。火龙出水在古代战争中发挥了非常重要的作用，也把我国古代的火箭技术提高到了一个非常高的水平，并为近代火箭的发明提供了思路，为我国火箭技术的发展作出了重要贡献。

龙在我国传统文化中一直都是类似于神明的存在，上天入地，无所不能。明朝时期，人们利用龙的形象发明了一种火箭，叫作"火龙出水"。火箭之所以能够飞行，靠的是火药燃烧时的反作用力。火药一旦燃烧完，火箭的飞行也会随之结束。而火龙出水和一般的火箭不同。它的火药箭分为两级，也就是说两批火药箭燃烧的时间是分开的，这样就能通过接力燃烧的方式大大延长火箭飞行的时间，继而大大延长

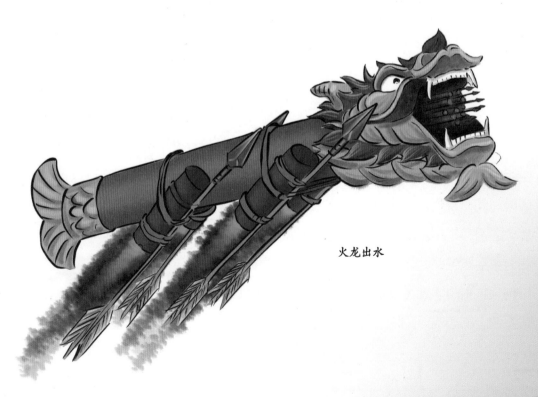

火龙出水

火箭飞行的距离。

火龙出水的外形非常像一条龙，龙嘴大张，龙身呈笔直的筒状，身下绑着四个火药箭，每个火药箭上的火药筒重约 250 克，龙身内部也放置了数枚火药箭，外面的火药箭和龙身内部的火药箭由引线相连。外面的四个火药箭相当于一级火箭，点燃它们后，火龙腾空而起，火药的反作用力推着它飞行，可以飞 1 ~ 1.5 千米。外面的四个火药箭燃烧殆尽之后，就会引燃火龙身体内部的火药箭，这些火药箭相当于二级火箭，它们从龙的嘴巴里面飞出，直奔敌方目标，将敌方的船舶或者粮草焚烧干净。

火龙出水可以从陆地上发射，也可以从船上发射。从船上发射时，离水面大概 1 米，就如同一条火龙飞出了水面，这就是它名字的由来。在水上战役中，一个火龙出水有时可以将敌方的一艘舰艇彻底烧毁（当时的舰艇主要是木制的），大量的火龙出水可以使敌方的舰艇群变成一片火海，甚至使得敌方全军覆没，而且，对这样的武器，敌军很难防范。因此，火龙出水在水面作战中对舰艇的威力非常大，它可以说是我国最早的反舰火箭。明朝海军是世界战争史上最先装备和使用反舰火箭的军队。

震天雷

震天雷也叫铁火炮，是一种有铁铸外壳的爆炸性武器，也是宋元时期军队的武器装备之一，在宋元时期被大量的制造并被广泛使用。震天雷是世界上最早的金属炸弹。

震天雷用生铁浇铸而成，主要有四种样式——罐子式、葫芦式、圆体式和合碗式。罐子式和合碗式这两种比较常见，它们属于比较容易制作的样式。罐子式的震天雷口

罐子式　　　　　　　葫芦式　　　　　　　圆体式　　　　　　　合碗式

比较小，罐身比较粗，罐壁约有 6.67 厘米厚，里面装上火药，然后在罐子口安一条引线。合碗式震天雷形状像两个扣在一起的碗，碗身上也有安装引线的小孔。圆体式震天雷则是一个圆圆的球，球的表面也留有一个小孔用来安装引线。葫芦式震天雷属于造型稍微复杂一点的，它下面大，上面小，在最上面的葫芦嘴处留有一个小孔用来安装引线。

将震天雷上面的引线点燃后，内部的火药会燃烧，由于火药是在密闭的铁壳内部燃烧的，所以会产生很多高气压气体，使铁壳发生剧烈爆炸。震天雷可以炸毁敌人的防御性建筑物，爆炸后铁壳会成碎片，可以穿透敌人的铠甲，对敌方的人马产生很大的杀伤力，造成敌人巨大的恐慌。这类震天雷可以用抛石机进行远距离发射，适用于野战，也可以直接用手投掷，特别适合站在城楼上往下投掷，用来对付前来攻城的敌人。另外，震天雷也适合用于水站。

震天雷的引线长短还可以决定它什么时候爆炸，所以，它还具备"定时引爆"的功能。在作战的时候，可以根据敌人和自己的距离来设置相应长度的引线，争取在敌人到来的时候，引线正好燃烧完引爆炸药。

虎蹲炮

虎蹲炮由明朝的军事武器专家戚继光发明，它的样子非常像一只蹲着的虎，因而得名。虎蹲炮是戚家军最常用的一种火器，是现代迫（pǎi）击炮的前身。虎蹲炮为明朝军队抗击倭寇的疯狂进攻，作出了巨大的贡献。

明朝是一个非常重视火器发明和火器应用推广的朝代，它虽然比清朝早很多年，但是，它在军事力量以及军事武器方面的实力远超清朝。火药武器在明朝时期获得了非常大的发展和进步。明朝的很多军事家同时还是对火器非常有研究的军事武器专家。他们在各种实战中，根据自身的实际情况发明出多种适合自己使用的武器。戚继光就是这样

一个军事家，他发明的虎蹲炮就是为自己领导
的戚家军配备的火器。

虎蹲炮

虎蹲炮身长约 66 厘米，全身加了七道铁
箍（gū），这些铁箍主要是为了防止炸膛。炮
头由两只铁制虎爪架起来。虎蹲炮总重量大概
是 18 千克。发射的时候，需要用大铁钉将虎蹲

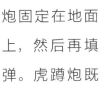

炮固定在地面
上，然后再填
弹。虎蹲炮既
可以填入小弹丸，也可以填入比较大一些的弹丸，发
射的时候声如响雷，大小弹丸齐飞，打击范围比较大，
射程可达 500 米。由于虎蹲炮的体积和重量都不太大，
所以使用起来比较方便，非常适合在山地、森林等地
使用。

戚继光

知识链接

戚继光，明代杰出的军事家和军事武器
发明家，同时也是抗倭名将。他领导的军队
英勇神武，战绩突出，被称为"戚家军"。
他喜欢研究火器，发明出了多种火药武器，
并且还著有兵书《纪效新书》《练兵纪实》，
大大提高了明朝军队的战斗力。

猛火油柜

猛火油柜是我国古代一种喷火的武器，它是现代战争中使用的火焰喷射器的鼻祖，也是最早使用液体燃料的武器之一。

猛火油柜以石油为原料，主体由一根比较粗的横管和一个如同小柜子一样的箱体构成，横管和箱体之间由四根细短的竖管连接。横管叫作"唧（jī）筒"，唧筒前端膨出的部分叫作"火楼"，火楼里面装着引火药。唧筒下面的箱体叫作"油柜"，其由熟铜制成，里面装满了石油，每次可以装 1.5 千克左右的石油。

很多人认为，石油是一种现代化的产物，其实我国在西汉末年就已经发现并开始使用石油。只不过在不同的历史时期，人们对石油的称呼是不同的。最初，人们称石油为"石漆"。到了唐朝，人们称石油为"石脂水"。五代时，人们称石油为"猛火油"。到了宋朝，我国著名的科学家沈括首次将其命名为"石油"。之后，"石油"一名一

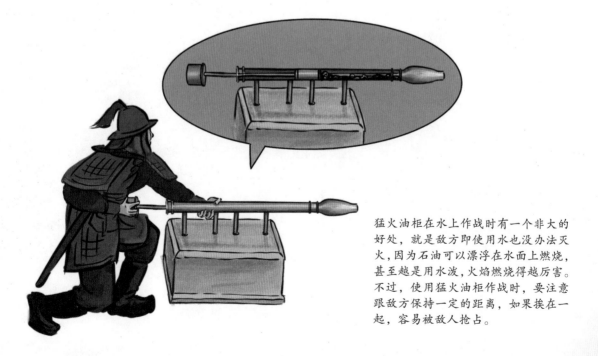

猛火油柜在水上作战时有一个非大的好处，就是敌方即使用水也没办法灭火，因为石油可以漂浮在水面上燃烧，甚至越是用水泼，火焰燃烧得越厉害。不过，使用猛火油柜作战时，要注意跟敌方保持一定的距离，如果挨在一起，容易被敌人抢占。

直被人们沿用到今天。

　　唧筒内部有一个大的活塞，活塞由黄铜或者木头制成，活塞边缘紧密地贴着唧筒内壁。当有人往后拉活塞的时候，唧筒就会通过下面的四根竖管从油柜中将石油吸上来，原理其实和现在的注射器非常相似，只不过注射器是从前端针眼吸液体，而猛火油柜是唧筒从下面的油柜中吸液体。

当人从后面将活塞往前推的时候，唧筒内的空气和石油受到挤压往前喷出，经过火楼正好被引火药点燃，喷出去的石油瞬间变成烈焰。在水战时，猛火油柜可以焚烧敌人的战舰或浮桥。在守城战役中，猛火油柜可以用来阻止敌人的进攻。而且，猛火油柜下面的油柜还可以换成葫芦，携带起来非常方便。

图书在版编目（CIP）数据

写给青少年的中国古代科技与发明 . 科技和军事 /
苏邦星编著 ; 袁微溪绘 . -- 贵阳 : 贵州科技出版社，
2024.3

ISBN 978-7-5532-1272-2

Ⅰ . ①写… Ⅱ . ①苏… ②袁… Ⅲ . ①科学技术—创
造发明—中国—古代—青少年读物 Ⅳ . ① N092-49

中国国家版本馆 CIP 数据核字 (2024) 第 029033 号

写给青少年的中国古代科技与发明 · 科技和军事
XIEGEI QINGSHAONIAN DE ZHONGGUO GUDAI KEJI YU FAMING · KEJI HE JUNSHI

出版发行	贵州科技出版社	
地　　址	贵阳市观山湖区会展东路 SOHO 区 A 座（邮政编码：550081）	
网　　址	https://www.gzstph.com	
出 版 人	王立红	
经　　销	全国各地新华书店	
印　　刷	河北鑫玉鸿程印刷有限公司	
版　　次	2024 年 3 月第 1 版	
印　　次	2024 年 3 月第 1 次	
字　　数	264 千字（全 3 册）	
印　　张	15（全 3 册）	
开　　本	787 mm × 1092 mm　1/16	
书　　号	ISBN 978-7-5532-1272-2	
定　　价	128.00 元（全 3 册）	